Average Puzzle 1

			4			8	2	
6			9			7		5
8				7				
5				3				
	1			2		6		
	2	7				9		
			2					
	5		1			3	7	
1								9

Average Puzzle 2

	8			7			2	
			4			9		7
							4	
7		1			8			
				6				
		5	2		3			
		4						3
		3	6	4		7		
2	7	9						5

Average Puzzle 3

					1			
		6	3	5				
	9		8	4		7		5
					6	9		
8							2	
	3		2			6	7	
	1				5			
				3		4		1
4						5		

Average Puzzle 4

	4					8		
		2		3	6	4		
8		1	4					
					2			
							1	9
	8			1				5
		4	7		3			
2	3							
		5		1	9			6

Average Puzzle 5

1		5			9			
8			9		3			
	3			2				
	8	2				7		4
						2	6	
9	4					8		
						6		
	5	7	4	6		1		
6				1		4		

Average Puzzle 6

8				4			1	
				1	5		9	
							3	7
		3						
	6	1				5	8	
2		4						1
3	2							
		8	9	3				
			4		8	6	5	

Average Puzzle 7

5					2			
	6	4		8		5		1
					4	6		
8			2	1			4	
9		2	4			5		
				8		7		
	4		3					
	8			7	1			
2	9							

Average Puzzle 8

		5				1	4	3
			6	7		5		
	2						7	6
				4		1		3
1							9	
					5			8
		7				9		4
5			2			7		
		9				1		

Average Puzzle 9

8	6	7			9			
5		9		6			1	
				9				3
6			1			8	2	
			2					7
3								
		8	7					1
	2		8		4			5

Average Puzzle 10

2			4			6		
	5			7	2			
	7	4		8				9
		3					6	
			9		3	7		
					5		1	
	9					8		
		2	5		4		9	
3					8			1

Average Puzzle 11

				6				
5				8		7		
9		2	7			4		
		7	3		1			5
						8		
		1		8	4	2		
	6				9			
1	5							9
	2			6	5	4		

Average Puzzle 12

	4							
6							8	3
	8			4			9	
			1				7	9
					9		1	
8						5		
		9		2			6	
		7	5		1			
			4	7			5	

Average Puzzle 13

					6			
5						1		
	3	1		8				
			5			3		
	4		7					8
	6	3		1		4		
				4	7		6	
				6			2	
8	5							

Average Puzzle 14

		3	2			5		
	1	7		6		9	3	8
					8		6	
					1			
	4	5						3
			6	4			8	
5			8					7
	9	8			7			
				6		3		

Average Puzzle 15

	2	5		4		6	8	
			3	8				
						5	7	
			2		6	8		
	9					7	1	
	5		1					
	7					2		
5	2							
				9		4	6	

Average Puzzle 16

1		8		6	9			4
	9							
3			7	2			1	
				4	7			
	3		5		1		7	
5							6	
7								5
8		4				7	2	
						6		

Average Puzzle 17

	6							
			1			7		
		4	9					5
4				2	3			
7	2		8		6			
		3				6		
	8		5		1		3	
				7		1		
				8		2	4	

Average Puzzle 18

						8		7
2							1	
3		7	1				4	2
	5				8	4		
			3			6		
				7	1			
				2				6
7			9	8				
			4			5	8	

Average Puzzle 19

	7			4			2	
				2				
				8		1	6	4
	1				4			
5	3				7			
4		2					3	7
3		6			9			
2			6	3	5			
			1					

Average Puzzle 20

	3		7					9
					1			
			2			5	8	7
		3	9	7				
		1	6		2		9	
7					4			8
								4
2	6	5						
		9					7	

Average Puzzle 21

3	7							2
			3	7				8
		2	8		3			1
6					8			
5				4				
	6					9		
	1		2	9				3
	8			6	5			

Average Puzzle 22

5								
4		3						2
				9	4	6		
6	7			8				9
			6		7			
		2	3			1	6	
					2		8	
	4	8				2		5
			9					

Average Puzzle 23

		9		6		5		
				3				7
		2				1	9	
		5			3			
		6	9		4			
		3					2	
3	4				8			
1		7			6			
5			7					

Average Puzzle 24

		8		3				
4			2	5		9		
6								3
		5	6				8	
3					9			
	1			4			2	9
	3	2		1				
8							3	
						4		2

Average Puzzle 25

	2			1		5		
8		3		5			2	
		1	8		3	7		
							7	
		2		6			5	
9	4			8				
6			9					
	8	7			5	1		3

Average Puzzle 26

	7	5			6	4		9
9			8					
	6			7			8	5
	9	1						
			6	3				1
							5	4
			4		7			
				5				
		4			1			7

Average Puzzle 27

2				4		5		
7	9		6					
	5	6						
			9		2	1		
3						8		
			1	8		7		
4		7						8
		1	4				2	
	6				1			

Average Puzzle 28

2	5					8		
	9						5	1
					6			7
		4						2
9	6		1			4		
	2				9	7		5
				6				
			7	2	8	1		
		3					7	8

Average Puzzle 29

5								3
					3	9		
		4			8		5	
		3		2		7		
7	9		1					
	5							
	7		8		6	4		9
9						6		
					2	8	3	1

Average Puzzle 30

		3	2					
1		9			8		3	
					9		5	1
8			7				9	
3		7						
	1		8	6				
								6
			3		2	7		
			4			2		5

Average Puzzle 31

	2	5	9		4			
	4			1				
3			7					9
		7		2	1			
	8	3	6					
4			1				6	8
		4	6					
1		6			7	5		
			5				8	

Average Puzzle 32

			4		8		5	2
3					2			
1						8		
							9	4
4							7	
		8	2	7				
	9				2	5		
		7	4				3	
			8	9		1		

Average Puzzle 33

		4			8			
8	9			4				
	3							7
4		8	2	1				
6								
	5			3				
				5				6
	1	7	8					5
					2	4		

Average Puzzle 34

		3	2	8				
9						5		
		6	5		4			
		4		6				
						4	9	6
	8	9						
	5	2	3				1	
						6	5	7
			4			3	8	

Average Puzzle 35

		9		5				
	5	4			8			
9	2		3					
		7			9			
		1						
6	4	8			7			
		3	1	4				
		4	8		9			
		4	5	1				

Average Puzzle 36

8		5						
				4				
							4	2
5			6					
	7		1		2			
	6				5	2	8	9
				2				6
			3		6	5		
		4	7				9	3

Average Puzzle 37

5						3		
2			6			4		
					3		6	
		6	7					
	8		3					9
		9				8		
				1				5
			6	8		2		3
7								

Average Puzzle 38

	6	1				2		
							8	
8	2			4				9
6				9	1			
				6			3	4
		5		2		7		
		2						8
5					9	1		
		3		7	4			

Average Puzzle 39

3			7		5			
	6		1		9			7
		9				1		
		1		7				2
	7	8		5	1			6
4				9		2		
					2			
	9					5		
		5	6					1

Average Puzzle 40

	6	9						
					3			1
			8			2	6	7
		6			2		5	
	1					3		
5				8	9			4
						9	2	8
				8				
4		7		5				

Average Puzzle 41

	5					1	8	3
4					6			
	8				1			
8			9					
		3		1		6	2	
7					3	5		
	4					2		
				9	5			
			9	6			7	

Average Puzzle 42

		1						
	3	7					2	
					9	6		7
	2		5					
			6				5	3
3	4		7					2
	7	6		4				
			2	6				
						9	8	

Average Puzzle 43

	5			8			2	
6		3	4		1			5
			5			8		
			6		5			4
1		6				7		
			7			1		8
5		9			6		8	
7					2			
	2							

Average Puzzle 44

1	3		4				5	
	9	4	3					
							8	
	2					8		7
		6		3				
	4	5	1					
							9	6
	5				4	8		
8			7		1	5		

Average Puzzle 45

3				2	8			
		1		6	9		8	
								1
		9		4		6		
			3	1	5			
	5			2				
	1	4			5		2	
				4				
2			8	9				3

Average Puzzle 46

				5			6	9
	2				5		4	
9							8	
1		7						
				5				6
	8		3	7				
				3		4		
							6	
3	1			2	7			9

Average Puzzle 47

				5				8
		5				1		
8	7	9				6		
7			2	9				5
		4	7		1			9
			1					4
	4	6	3		2	8		
				6		4		
	9							

Average Puzzle 48

		5				3	7	
6	8		9	5				
	5					8		
4	2							9
				8		4		
			1			9		2
		7	9		4	5		
3								

Average Puzzle 49

```
. . 7 | . . . | 3 6 .
. . . | 6 2 . | 4 . .
. 4 6 | . 5 . | 7 1 .
------+-------+------
. . 2 | . 1 6 | . . .
. . . | 2 . . | 5 . .
. 7 . | 9 6 . | 2 5 .
------+-------+------
9 . 4 | 8 . . | . . .
. . 1 | . . 2 | . 9 .
. . . | . . . | . . .
```

Average Puzzle 50

```
. . . | . . 7 | . . .
. . 3 | 2 . . | . 9 8
8 4 1 | . . . | . . .
------+-------+------
. 6 . | 4 . 5 | . . .
. . . | . . . | . . 5
3 . . | . 6 . | 2 . .
------+-------+------
2 . . | . 1 . | . . .
5 1 . | . . 8 | 4 . 3
. . . | 3 6 . | . . 2
```

Average Puzzle 51

```
. 6 . | . 2 . | . . 5
. 2 . | . 5 . | 4 . .
. 4 . | 6 . . | . . 2
------+-------+------
3 . . | 7 8 . | 2 . .
. . . | . 8 1 | . . .
. . . | . . . | . . .
------+-------+------
. 9 . | . . . | 7 . .
6 . . | 4 3 . | . . .
. 8 . | . . . | 9 5 .
```

Average Puzzle 52

```
. . . | . . . | . 2 .
. . . | 4 . . | 1 . .
. . . | . . . | 6 7 .
------+-------+------
3 2 6 | . . . | . . .
. . . | . 3 1 | 4 . .
. . . | . . . | . . 1
------+-------+------
6 9 . | . . . | 3 . .
. . . | 8 9 . | 2 . .
4 . . | . . . | 5 . 9
. . . | . . . | 7 . 6
```

Average Puzzle 53

```
. 8 1 | . . . | 5 7 .
. 9 . | 6 . 1 | . . .
. . . | . . 5 | . . .
------+-------+------
8 . . | . . . | 4 3 5
. . . | . . . | . . .
. 4 3 | . 9 . | . 1 .
------+-------+------
. . 7 | . . . | . . 6
. . . | . 4 . | 7 . .
3 6 . | . . 7 | 1 4 .
```

Average Puzzle 54

```
. 3 . | . . . | 9 2 .
4 . . | . . . | . 7 .
. . . | . 3 1 | 9 4 .
------+-------+------
. . 4 | 7 . . | . 9 .
. . . | 1 . 4 | 2 . 5
. . 5 | . . . | . 3 .
------+-------+------
. . . | . 9 . | . . .
. 6 . | 5 . 3 | . . .
. 5 . | 1 . . | . . .
```

Average Puzzle 55

	5			4		8		
7		3			9			
	8		6					
	2					5		
			4		7			
1							2	8
	6	1					4	
9			1	8			7	5
						2		

Average Puzzle 56

7								
		3	1	4	9	7		
				7		8		2
	7			8			9	
	1	6						
							4	8
	2			3		9		
3							7	6
					6			1

Average Puzzle 57

		2			7	4		6
			5		4			7
1							2	
			6			1		
	2				3		6	
	9			4	1			
	8		2					
7				6			8	
		6				3		5

Average Puzzle 58

			4	2				
		1			5	4		
	5	8					3	
		6	2					
					3	7		
8		9	7	4	1		2	
				7		3		
7			6		8		1	
			1					

Average Puzzle 59

	9	1						
5	7			1				6
		6						
			5	4			9	8
			3				4	
					3	2	5	1
2		4	9				6	
				8	5			9

Average Puzzle 60

1						5		
8		4						2
3				1	2		4	
	1				3	6		
		6	5		4		8	
2								
			7	4				
				3		8	1	
	5				6			3

Average Puzzle 61

1					5			
8		4						2
3				1	2		4	
	1				3	6		
		6	5		4		8	
2								
			7	4				
				3		8	1	
	5				6			3

Average Puzzle 62

				9				
5	6	9			1			7
	1			4			8	
		4			8		1	
		2		3			6	
		9	4			7		
		1						
7				6		8	4	
	2		1					

Average Puzzle 63

2		5			3		7	
	9				5			
	7					2		
		4						
8			6	4	1			2
					8			
5		8		6		2		
9			2			4		
		3	9			1		

Average Puzzle 64

				6	7			1	

				6	7		1	
4	2							3
					5	4		
3			4					
	7		6					
							7	4
8					6	5		
		5		1		2		
2		3		9			8	

Average Puzzle 65

9			8	2			5	
	2	4						
					1			
	9				1	5	8	
	5			7				
						9	3	
	6	2		1				
			3					
		5	6		9	3		

Average Puzzle 66

					1			7
	8	5	4			1		
		2		5			4	6
			6	4		2		
			4					8
5			9		7			
2	7			1				
		9					3	
1						6	2	

Average Puzzle 67

4				8	7			1
								6
	5				2		9	
			5	6		7		
3						4	8	
2			1					
9	2			1		3		
8		4						
			8					9

Average Puzzle 68

1	6			3				
	8						4	
		5	4		1			
	1						5	3
		7			2		8	
7				2		5		9
			8					6
9						1		

Average Puzzle 69

	4							
7			2	1				
		3			2			
		4	7				8	9
1			2	9	5			
5			4		3		1	
		8					6	
			6	7				
	1			4	9			

Average Puzzle 70

			3			2	8	
			5			9		
			8		3	2	1	6
4				1			3	8
		2		5		6		
				4				
	6							
			8	7	1			
	1		9	4				

Average Puzzle 71

1				8				
	8	6				2		
				2				3
	2	8		9	7			
5								6
		9	4					
					8			
	3		1					4
	7		6		3			

Average Puzzle 72

1				8				
8			4	2		6		
		3					9	
		7	8		9	5		
								7
	4	5		3				
	3		7					8
9			5	4	8		6	

Average Puzzle 73

								3
			6			2		
5		3					6	
					7		4	
					3			
4	8					6	5	1
					1	9		2
	3	2		6			8	
1			7	4				

Average Puzzle 74

	7	6	2		3	1		
								9
			8			9		7	2
			2		3			8	5
			1			2		
3				7				
			3				5	4
					4	6		
		2		8				

Average Puzzle 75

6	5			9	7			
4	8							9
		4						
		6		3				
7		2	9	5				
		6						1
3				5	8			
	4			3		6		
			7	9				

Average Puzzle 76

				2				
	7							4
	3		5				9	
		1	2		8	6		
	6	8						3
3				5	7		4	8
1	2						5	
			1					6
			8					

Average Puzzle 77

				8	9			
6		9						2
		4		5			3	1
7								4
		5	9		4	7		
			1					6
1	6							
				8	2			
		8	5			2		

Average Puzzle 78

	7	8	1					
							8	
		2	7			3	4	9
6		3						
5			2	3	4		7	
							9	
			8		4			
			4				6	1
			7	1		5		

Average Puzzle 79

	5		3				8	7
		3	9	4		5		
						2		
						4		
	3				9	1		8
	9	7	6	1				
7	1							
8				6	5			

Average Puzzle 80

7			2		8	9	3	
				6	9		1	
		1						2
				4				
					3		5	4
		3		9	1		7	
					7			
3				5				
1		5					3	2

Average Puzzle 81

1		3		7				
	5	4						2
	1		6					8
			8	2				
7			9	3		1		
			1			4		6
	8					3		
	2				8	1		

Average Puzzle 82

2								9
							5	1
	7		3		9		8	
1								
	6		1				9	
4		3			7			8
5	4				2			
		1		9			5	
7		9						2

Average Puzzle 83

2				3		9		
8		9	4					
	1					4		
			1	7		9		
6								
		3		2		4		
4			8	5			3	
3	5				7			
				9		7		

Average Puzzle 84

	1						7	9
	2	9		7			1	
		5						
								9
3		6	8		5			2
	5		1			6		
								6
2				3				
8			9	4		3		1

Average Puzzle 85

```
9 . . | 7 . 4 | . 1 3
. . . | . 9 . | . . .
. . . | . . 5 | . . 4
------+-------+------
. . 2 | 1 . . | 4 5 .
. . . | 5 . 2 | . . .
. . 6 | . 9 . | . . .
------+-------+------
. 5 . | 4 . 1 | . 6 .
. . . | . 2 7 | 1 4 .
1 . . | . . . | . . .
```

Average Puzzle 86

```
6 . . | . 9 . | . . .
. . . | . . 8 | . 3 2
. . . | . 2 . | 1 . .
------+-------+------
. . . | 4 6 . | . . 8
. . . | . . . | 2 7 .
. . 9 | . 1 . | . . 5
------+-------+------
. 4 7 | . . . | . . .
1 . 2 | . 4 . | . . .
. 6 . | 8 . . | . 9 .
```

Average Puzzle 87

```
. . 4 | . . . | 5 3 .
. . . | . . . | . . .
. . 7 | 1 9 . | . . .
------+-------+------
. 8 5 | . . 3 | . . .
. . . | . . 4 | . . .
1 2 . | . . . | 9 7 .
------+-------+------
. 4 1 | . . . | . . .
7 . . | . 5 . | . . 2
2 . . | 8 . . | 4 3 .
```

Average Puzzle 88

```
5 . . | . . . | 9 7 .
. . . | . . . | . . 1
. . . | 8 . 4 | . . 2
------+-------+------
8 2 . | . . 5 | 4 . .
. . . | 4 3 . | . . .
. . . | . . 4 | . 1 3
------+-------+------
. . 1 | . . 8 | . 4 9
. . . | . . . | 2 3 .
7 5 . | . . . | . . .
```

Average Puzzle 89

```
3 . . | 9 . 1 | . 4 .
7 . . | 3 8 . | . . .
. . 2 | . . . | 9 . 5
------+-------+------
. 5 . | . . . | . . .
. 4 . | . . . | 7 8 .
. . 8 | 4 . . | . . 6
------+-------+------
. . . | 1 . . | . . .
. . 9 | . . . | 2 1 .
. . . | 6 . 7 | . . .
```

Average Puzzle 90

```
. . . | . . 3 | . . .
2 . . | . 5 . | . 1 .
4 6 8 | . . . | . . 2
------+-------+------
. . . | 7 . . | 3 . .
. . . | . . . | 2 . 1
. . . | . 8 1 | . 7 6
------+-------+------
6 . . | 7 . . | 8 . 9
8 . . | . . . | . . .
. . 2 | 5 . . | 4 . .
```

Average Puzzle 91

					6			
3	2							
	7			1			8	3
6		3				9		8
				7		5		
5	8							
9			2		1			6
		2	7		6			
				5	9			

Average Puzzle 92

			8	1		2		
3					7		5	
		8			6			
	7							3
				2	5		7	
			3					
	4	1		5				
					8			2
5				4				6

Average Puzzle 93

		4		5				
	9					3	5	
	6							2
			2	4		6		
	4				7		9	
		7				1	8	
		6		7	8	9	1	
					2			
				1		7		8

Average Puzzle 94

			4					
					1	6		
5			7	9	8			2
6	7				3		8	9
9								3
	2							1
	8		2	6				
	6	7						
1				8		5		

Average Puzzle 95

					1	4		
		7		5	4		8	
			9		8		3	1
		8	1					
	5	9		3				
								9
7			6	4			5	
						2		
1	2				5			

Average Puzzle 96

				6			9	3
							4	
6		4	1			7		
7			6					
		9				4	8	
			5		2			
	5			8				
2			3				6	8
		8						7

Average Puzzle 97

1	.	.	.	5	9	3	.	.
.	.	.	.	.	.	.	2	.
.	8	9	.	.	.	6	.	.
.	.	.	2	.	.	5	4	.
.	.	8	5	.	.	.	1	.
.	.	7	.	.	8	.	.	.
.	6	.	.	.	.	.	.	2
.	.	.	.	3	.	4	8	.
5	.	.	1	.	.	9	.	.

Average Puzzle 98

.	.	.	.	.	.	.	.	1
3	6	7	8	.	.	.	.	.
.	.	.	.	.	2	.	4	3
.	2	.	7	6	.	.	.	.
.	1	8	9	.	3	7	.	5
.	.	.	.	1	.	.	.	.
.	6	.	.	.	.	.	.	.
9	2	.	.	.	7	.	3	.
.	.	.	1	5	.	.	.	.

Average Puzzle 99

.	8	9	.	5	.	.	.	.
.	.	5	.	.	3	.	.	.
.	.	3	9	8	.	6	.	.
7	6	.	.	3	2	.	.	.
9	.	.	.	.	.	.	.	4
.	.	.	8	9	.	7	.	.
.	.	.	7	4	.	.	.	8
.	.	.	.	6	.	3	.	.
.	4	.	8	.	.	.	.	.

Average Puzzle 100

.	.	.	.	5	1	.	.	.
3	6	.	.	.	.	.	.	7
.	.	.	6	.	.	3	9	.
.	.	3	.	9	.	.	.	.
5	.	.	.	.	.	.	.	.
1	9	.	.	.	.	.	.	3
.	.	7	4	.	2	.	6	5
.	.	2	9	.	.	.	.	.
.	.	6	8	3	.	4	.	.

Average Puzzle 101

.	.	.	5	.	.	6	9	.
9	.	.	1	7	.	.	5	.
.	.	.	8	6	2	4	.	.
.	7	.	.	.	.	.	.	4
2	.	.	5	.	9	.	.	.
.	.	1	9	.	.	.	.	.
.	.	4	6	.	.	.	.	.
8	.	.	.	.	1	5	3	.
.	.	3	.	.	.	.	.	.

Average Puzzle 102

.	.	.	.	4	.	.	1	6
3	.	.	.	.	.	.	.	2
4	2	.	6	.	.	.	.	.
.	.	.	9	.	.	1	3	.
.	.	1	.	.	.	.	.	4
.	.	.	.	.	.	5	.	.
5	9	.	.	.	.	.	6	.
7	.	.	.	8	.	.	.	.
.	.	.	4	7	3	.	.	9

Average Puzzle 103

	3						7	
8			7			2		
		2			4	8	6	
7						1		
3		1					9	6
	4							
				4				
	2				3			
			5	1	9	8		

Average Puzzle 104

				5		2		
		6	4	9				7
4							5	
				8		3		
	5			3			7	
9	4							
3		8			9			
						6	8	
			7		9			

Average Puzzle 105

	8			4				
	9		8			2	7	
		3	5		9			
				9				
2			1					
		9		5				
	7		3	6	2		5	
		2		6				
		4	1		3			

Average Puzzle 106

		1					4	
4		8		3				6
						5	7	1
9			5	2				8
							6	4
		3	6		4			
								5
7				8				
			9	6	2	1		

Average Puzzle 107

9	3							1
		6	7			2		
4			2	6				
	9		4	8		6	2	
		7		3	1		8	
			9				7	
					8			
			3	4				
7	2		6					

Average Puzzle 108

5	4							3
3		6	2			4		
	8							
			7					8
		2		3	9			4
	2		8		7			
		9	1	5	2	7		
								1

Average Puzzle 109

4			2				6	
				4		1		
		5				2		
8				4			1	
	3				5	8		
					7			3
5	9	7		1				4
	6					7		
			6					8

Average Puzzle 110

2						4	6	
			3		5			7
				6			1	
	9		8	6		5		
7	5				9			6
		3		5			4	2
						8		
1	7					9		
								9

Average Puzzle 111

3	5	2	1			9		
	4		6					
		6			5			4
						2	8	
	3					5	4	
		4	7					
8					6			
		7	4	1				9
			3			2	8	

Average Puzzle 112

			2	6				5
					3	1	4	
		7		1		8		
7			9					5
	3							
	9					4		2
1	6		2			8	9	
					6	2		3

Average Puzzle 113

	8							
1		4	9		5			
6		5			3	2	8	
		1						
			6	3		4		7
				5		1		
	7					6	4	
		3	2					
					6	3	9	

Average Puzzle 114

			7	9		2		
		4					8	5
7		6				4		
						6		
		9		4	3			
		3	8	7				4
2				8				
							6	
4				5		9	1	

Average Puzzle 115

				7			5	6
	5		4	2				9
						3	8	
		3	1		6			4
		2			7			
	4	6			8			
		5	8					3
	2							
		4		9	1			

Average Puzzle 116

			5				6	7
4	2				7	8		5
7			6			4	3	
	5				1			
					9			6
1				7			2	
	7		9					
		4	3	8				

Average Puzzle 117

	2	8		9			4	
3		7	6					
					1			
6				1		7		
				6				
8			2	4				
					1	4	9	
4	8	6						
		2			8			

Average Puzzle 118

	1		5					
				6				
				2	5			6
	6	5		4	9	3		
		9		6		4		
6	5		8	7		3		
	8	4	9					2
2						1		

Average Puzzle 119

					3			
	9		4	1		5		
	4			5		7		
	7		8			9		
	6			9				
5			6					
	7				5	4		
		1		4		6		
1				8				

Average Puzzle 120

	2			4		5		
	3		5		7		9	
	1	7	8		2			
	7			6			8	
8			4	2			6	
	3				6			
6		8	2	5				
5								

Average Puzzle 121

	7	4			8			
				3	2			
6								8
		7	8	9				
		2		5				
9	1		6	7				
		5			8			
					2			
8	9		7			1	5	

Average Puzzle 122

	5		2					
	1	4		3				
						1		7
6				2			4	8
8		3	4					
	7		6		8	5		
		2					1	
1			8					
							6	5

Average Puzzle 123

9						3	1	
				9				
3		5			6			
5				2				7
	3				6			
6			9	8	4			
						6	5	
		2	1		4			
				8	7		3	

Average Puzzle 124

			2					
5				6	2			
6	9						8	
				9		4		
	4	1	7			5	6	
				3		7		
		8						3
	5						9	
			3	5				6

Average Puzzle 125

5		6				7	3	
7				6				
		8						
	5		8		9			
8		7						
			5	1				2
	9		2			8	5	
3			6					
			5		7	3		

Average Puzzle 126

7				2			4	1
	4		6	5				
	2	9				7		
	7	3						
			9		4			
8			5	2		9		
							9	
		7				6		5
					3		8	

Average Puzzle 127

5	3	.	.	9	6	.	.	.
1	.	.	.	.	2	.	.	.
.	.	3	.	.	.	.	.	6
.	.	.	.	.	7	.	.	.
.	.	6	4	3	.	7	.	.
.	.	1	.	.	8	2	.	.
.	6	.	.	.	.	8	.	.
.	1	.	9	2	.	.	.	4
3	.	4	.	.	.	.	.	.

Average Puzzle 128

.	1	.	.	.	.	.	.	.
.	.	.	9	.	.	6	2	8
.	5	.	.	6	.	.	9	.
.	.	.	.	3	9	.	.	4
7	.	.	.	.	2	.	.	.
.	.	.	7	.	.	5	.	.
5	.	.	.	.	.	2	3	6
6	4	.	5	.	1	.	.	.
.	8	.	.	.	.	.	5	.

Average Puzzle 129

2	.	.	3	4	.	.	.	.
.	.	9	.	6	8	.	.	.
.	1	.	.	.	9	.	.	.
4	.	7	.	.	.	3	.	.
.	.	5	.	8	.	.	6	1
.	2	.	.	.	3	.	.	5
8	.	.	1	.	.	.	.	3
.	7	.	.	.	6	.	.	.
9	.	1	5	.	.	.	.	.

Average Puzzle 130

.	2	.	3	.	.	7	.	.
1	.	.	.	8	.	.	.	.
.	8	.	.	.	7	6	.	.
4	.	.	8	.	.	.	.	9
.	.	.	.	.	2	.	5	.
.	1	.	4	.	.	.	.	8
7	.	.	.	.	.	.	6	5
4	.	.	9	2	3	.	.	.
.	.	.	.	.	.	.	.	.

Average Puzzle 131

.	.	3	.	6	.	.	.	.
.	2	.	.	.	.	7	.	.
1	.	.	.	.	.	.	.	9
3	.	4	.	.	6	2	.	.
.	8	.	.	2	.	.	.	.
.	.	.	9	7	.	.	.	3
7	.	.	.	1	.	9	.	.
.	.	9	.	5	2	.	.	.
.	4	.	.	2	8	3	.	.

Average Puzzle 132

.	6	9	8	.	3	.	1	.
.	.	.	.	.	7	.	.	8
8	1	.	.	9	.	.	.	.
.	.	.	.	.	.	3	.	.
.	.	.	.	.	.	.	4	2
5	3	.	.	4	.	6	.	.
.	.	.	.	.	1	9	.	.
.	7	.	.	.	.	.	.	5
.	9	.	2	5	.	.	.	6

Average Puzzle 133

```
. . 9 | . 1 4 | 3 . .
. 7 5 | . 9 . | . . 8
. . . | . . . | 1 5 .
------+-------+------
. . 7 | . . . | 6 9 .
. . . | 9 6 . | 4 . .
. . 6 | 8 4 . | . . 2
------+-------+------
. . . | . . . | 8 . 1
5 9 . | . . . | . . .
7 . . | 8 . . | . . .
```

Average Puzzle 134

```
. 4 . | . . . | . . 6
. . 1 | . 4 . | 7 . .
. 9 . | . . . | . . 3
------+-------+------
. . . | 1 . 9 | . 6 .
. . . | . . . | . 5 8
. 1 7 | . . . | . . .
------+-------+------
. . 5 | 2 . . | . . .
6 . 2 | . . 1 | . 3 .
. . . | . 8 . | . 9 .
```

Average Puzzle 135

```
. . 1 | 6 . . | . . .
5 . . | 7 3 . | . 4 .
. 2 . | . . 9 | . . 1
------+-------+------
. . . | . . 9 | 6 7 .
. . 4 | . 1 . | . . .
2 . 3 | . . 6 | . . .
------+-------+------
. . . | . . . | 5 . .
. . . | . . . | . . 9
9 8 . | 4 . . | 7 . .
```

Average Puzzle 136

```
. . . | . . 9 | . . .
6 . . | . . 2 | 4 . 1
. . . | 1 . . | 6 3 2
------+-------+------
8 . 6 | . . . | . 7 4
1 . . | . . . | . . .
. . 7 | 8 2 . | . . .
------+-------+------
. . . | 7 4 . | . . .
. . . | 8 . . | 1 . 7
. 3 9 | . . . | . . 8
```

Average Puzzle 137

```
9 . . | . . 6 | 7 . .
. . 7 | . . . | . . 8
. 3 . | 8 . . | 6 . .
------+-------+------
. 4 6 | . 3 . | . . .
. . . | 1 . . | . 8 .
. . . | . . 7 | 3 5 .
------+-------+------
. 7 2 | . 4 . | 9 6 1
4 . 3 | . . . | . . .
. 1 9 | . . . | . . .
```

Average Puzzle 138

```
. . . | 2 . . | . 3 6
. . 5 | . 9 7 | 2 . 8
. . . | . . 4 | . . .
------+-------+------
. . . | 1 . . | 5 . .
8 2 . | . . . | 3 . .
. 5 . | 4 7 . | . . 9
------+-------+------
. . . | . 3 5 | . . .
3 . . | . . . | 6 2 .
. . 1 | 7 . . | . 9 .
```

Average Puzzle 139

		5	2	8				
		4			1			
4				6			8	
2					4			
	6			1	7			
		7	3		5			
	8			4				9
7				5		8		
					2		6	

Average Puzzle 140

	1							2
			3				6	7
9						4		
	4						6	5
3			7	4				
8	2			9	6			3
1		9						
			6	2		3		
				7	1			

Average Puzzle 141

4	3			5				1
				1		9	3	
2		8						
		5	6					
			8		9			
	4			7	1	6		
		2			4		8	
	6				7			
		4	7					

Average Puzzle 142

		8						6
							9	
5	2				7			
		6		8			3	7
	3	2	9	1				
		6					1	
1					4		5	
	4		7			8		

Average Puzzle 143

		1		8	6			
			5					8
	3			7				
1	4		7		5	2		3
			2			5	4	6
	2							
3						4		7
8			1				3	
	6				9			

Average Puzzle 144

7			6	3	1			5
9							4	7
						3		
		1						8
5	3					2	1	
					3		8	
	9	7			2			
			2	7	6	1		

Average Puzzle 145

					7			
4		7			9			
		6		2	8	3	1	
	1			9	7	8		
				1	4			
9	3			4				2
1					6			
		8			5			
			2	8				

Average Puzzle 146

				1				
	2							9
1			7	2		4		
	9		2			1		
			9			6		7
				1			4	8
6					4	2		1
			4			8		
8			3				6	

Average Puzzle 147

			3		2		6	1
	6					2		
	1	2				8	3	
					3			
7			4			2		
4			9					
	2					9		8
3				5	8			
					9	4		

Average Puzzle 148

		1	4				5	
							1	
		7						9
7	6							
			2		8			3
	9	3		6	1			
8			7					
			8	4	5			2
	1		2		4			

Average Puzzle 149

			3					
		7				5		
			9	4	6			
		2		1				
		4		5		3		8
		3	7					5
2				3				9
9			2			7		
	3			8				6

Average Puzzle 150

	1	2			9			
	6				4			8
			7	2		6		
4	7			8				2
	8							6
5			4					
				4				
							9	
3		9					4	1

Average Puzzle Solutions

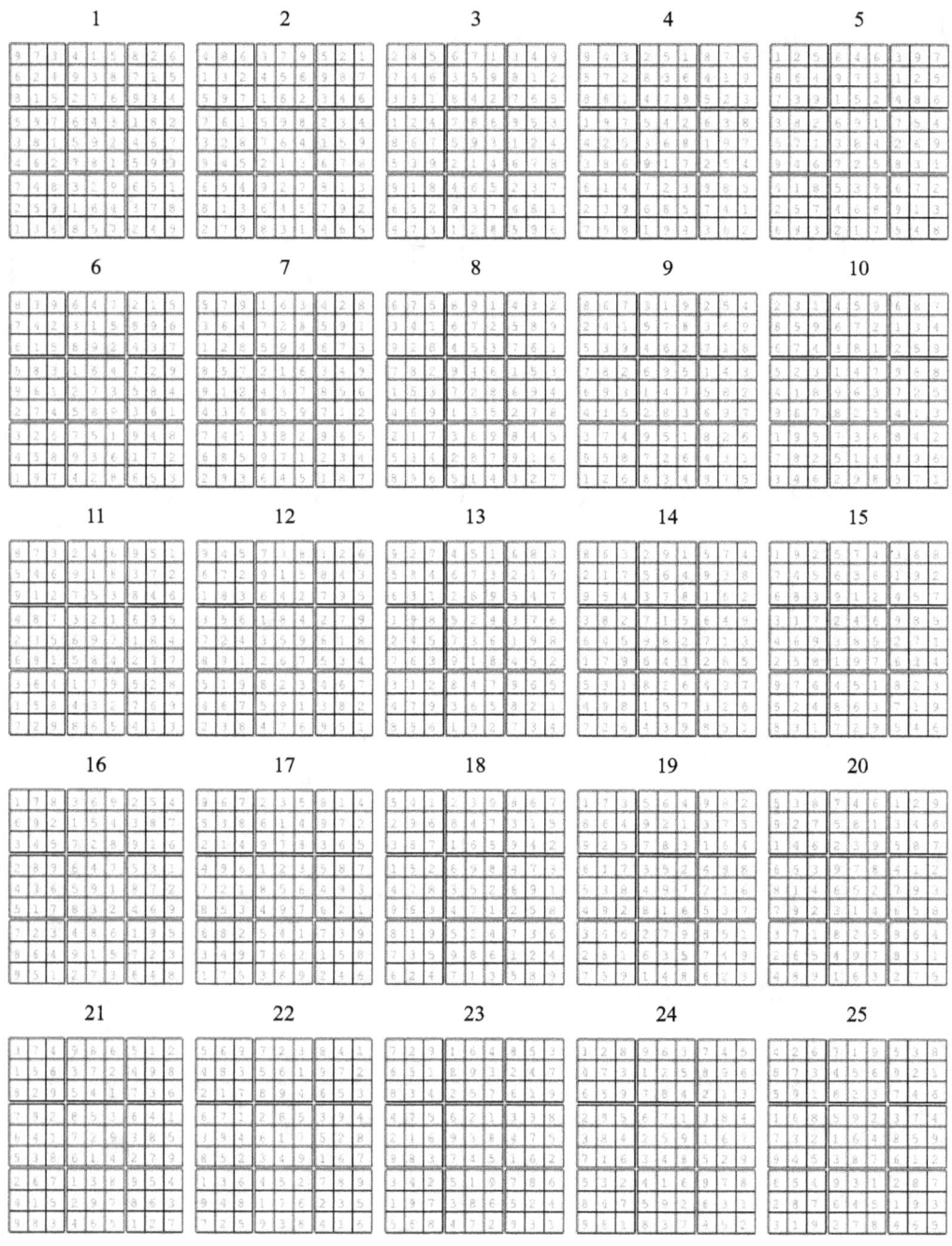

Average Puzzle Solutions

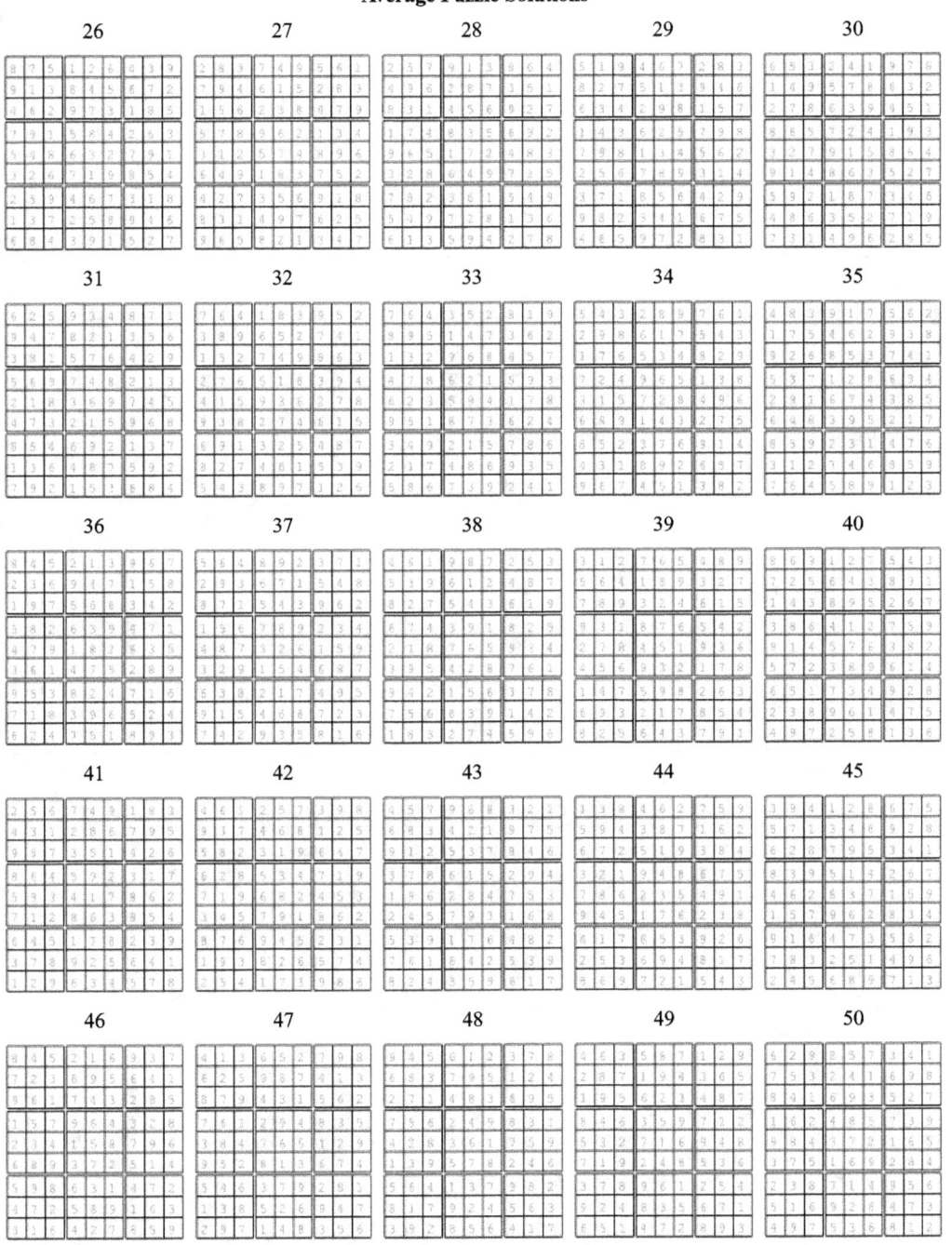

Average Puzzle Solutions

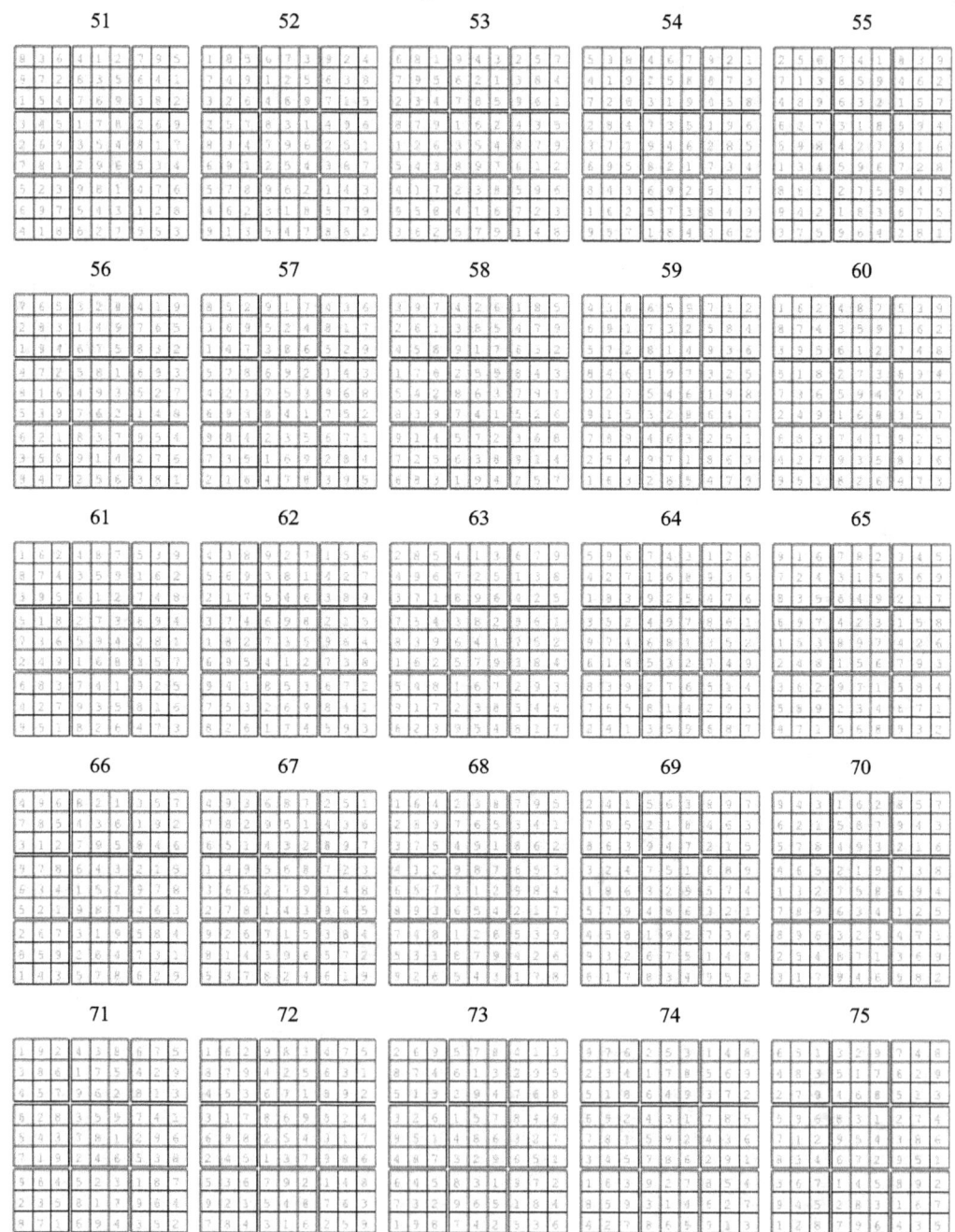

Average Puzzle Solutions

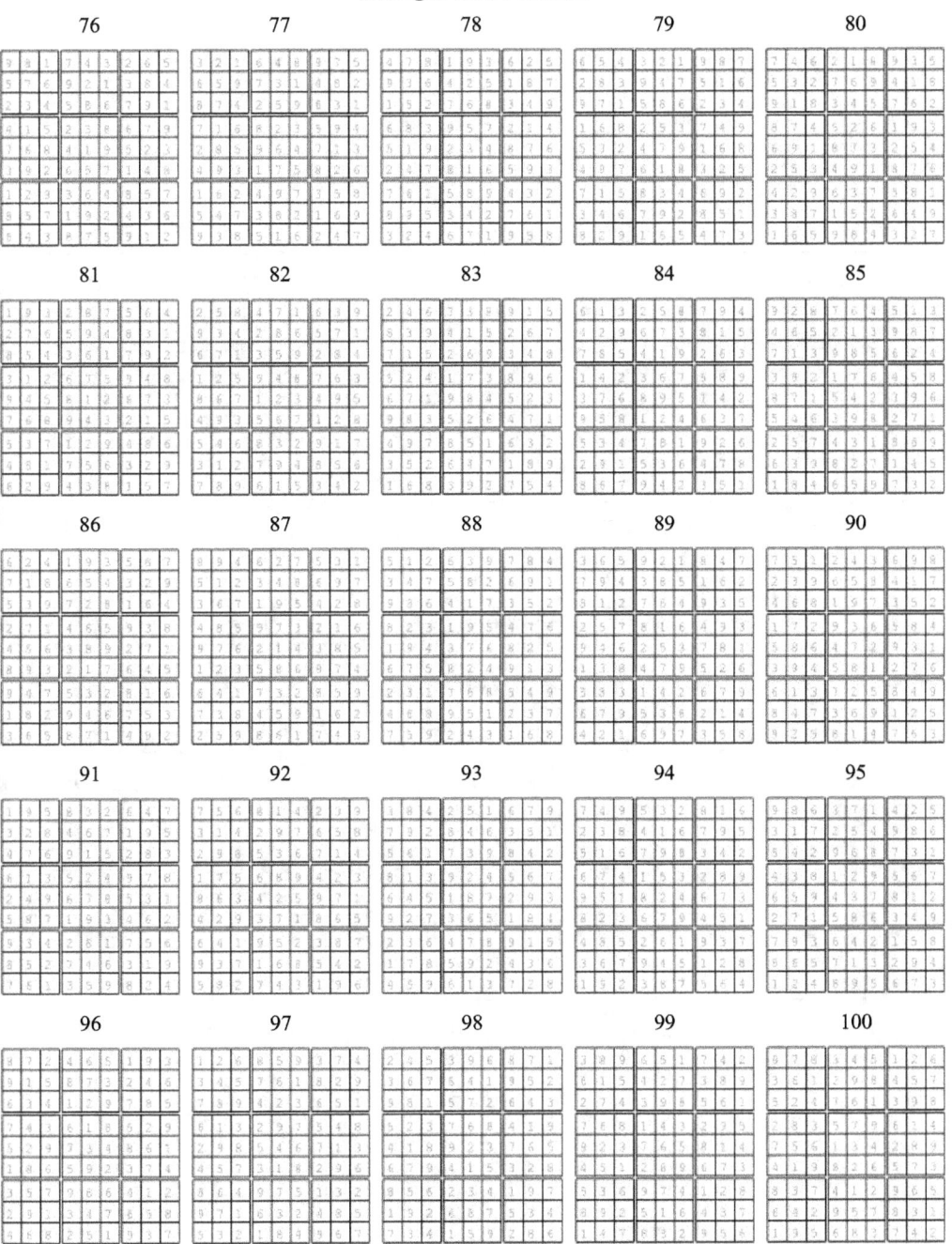

Average Puzzle Solutions

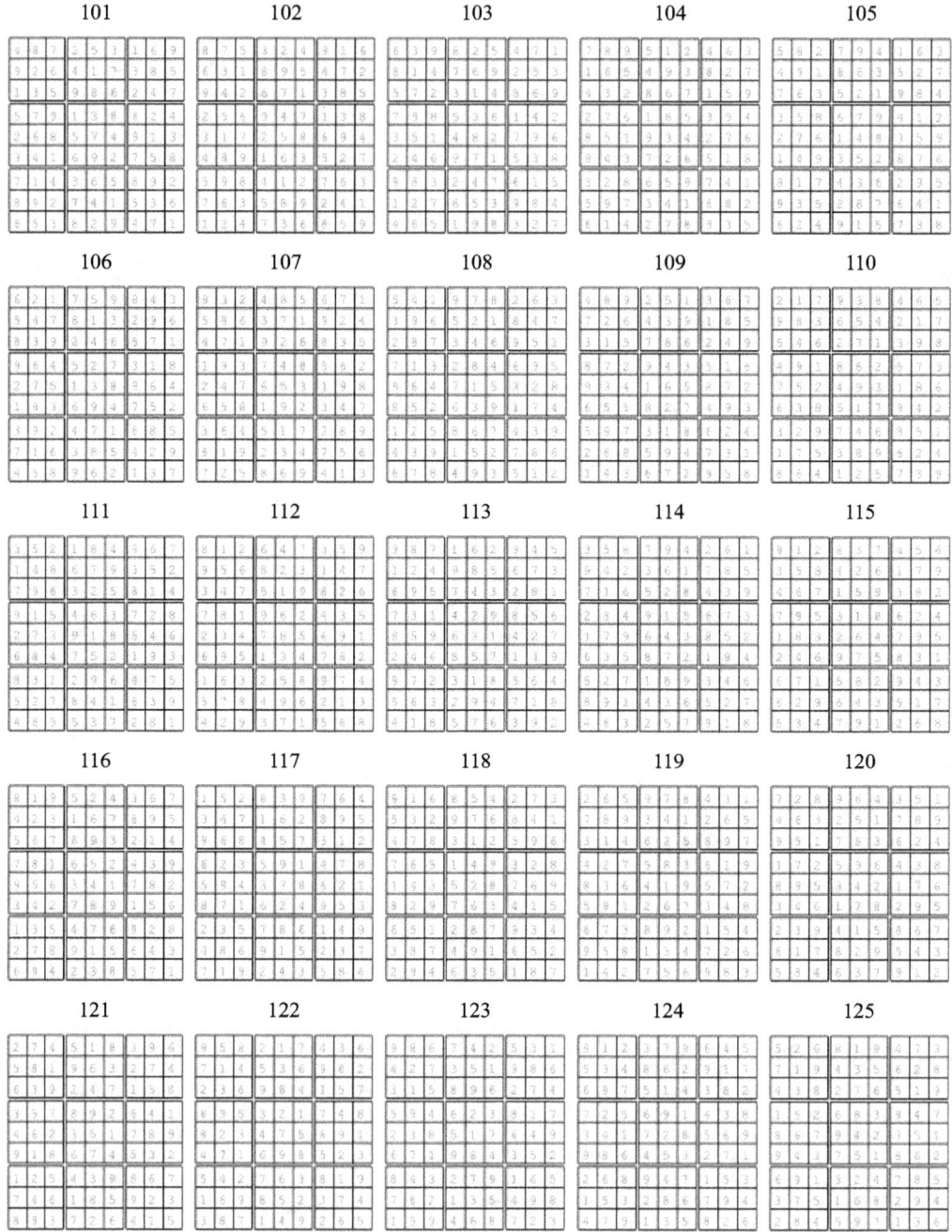

Average Puzzle Solutions

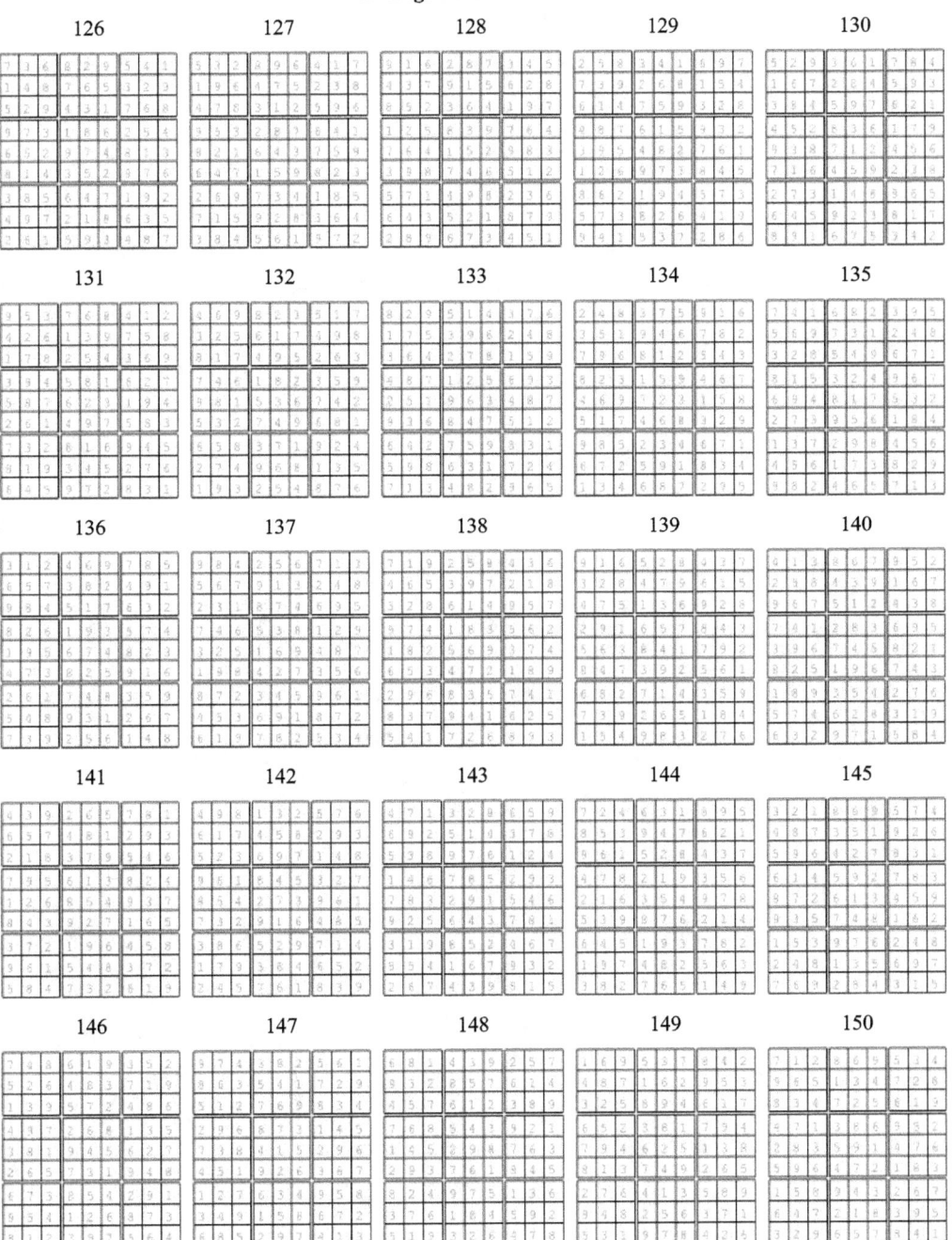

www.ingramcontent.com/pod-product-compliance
Lightning Source LLC
Chambersburg PA
CBHW070959240526
45469CB00017B/2515